V 2013

18446

# TRAITE'

## DES

# TRIANGLES RECTANGLES

## EN NOMBRES,

*DANS LEQVEL PLVSIEVRS* belles proprietés de ces Triangles sont démontrées par de nouveaux principes.

Par Monsieur FRENICLE de l'Academie Royale des Sciences.

ღფ

## A PARIS,

Chez ESTIENNE MICHALLET, ruë Saint Jacques, à l'Image S. Paul, proche la Fontaine S. Severin.

M. DC. LXXVI.

*Avec Permission.*

# TRAITE

## DES

# TRIANGLES

# RECTANGLES

## EN NOMBRES.

---

## DEFINITIONS

### I.

LORS qu'un nombre quarré est égal à la somme de deux autres nombres quarrés, les trois nombres qui sont les racines de ces trois quarrés, seront appellés un Triangle Rectangle en nombres, ou les

A

trois coftés d'un Triangle Rectangle en nombres : Ainfi on di-
ra que 3, 4, 5, eft un Triangle
Rectangle en nombres ; parce
que 25, quarré de 5, eft égal à la
fomme de 16, & 9, qui font les
quarrés des deux autres nombres 3, & 4.

## II.

Les deux moindres nombres
d'un Triangle Rectangle en
nombres, feront appellés les cô-
rés ou les moindres côtez de ce
Triangle, la moitié de leur produit fera appellée l'aire de ce
Triangle, & le troifiéme nombre
fera appellé fon hypotenufe, ou
fon plus grand cofté.

## III.

Triangle Rectangle primitif
en nombres, eft celuy entre les
trois coftés duquel, il n'y a point
d'autre commune mefure que
l'unité

## IV.

Triangle Rectangle compofé en nombres, eft celuy dont les trois coftés font mefurés par un mefme nombre.

## V.

Un Triangle Rectangle en nombres fera dit double d'un autre, lorfque fes trois coftés font doubles des trois coftés de l'autre, chacun du fien, & de même à l'égard des autres multiples.

## VI.

On appelle icy nombre pairement pair celuy qui eft mefuré par 4. & nombre impairement pair, celuy qui eft mefuré par 2, & non par 4.

## SVPPOSITIONS.

### I.

Si deux nombres quarrés estant joints ensemble ne font point un nombre quarré ; les racines de ces deux quarrés, ne seront point les costés d'un Triangle Rectangle en nombres.

### II.

Si les trois costés d'un Triangle Rectangle en nombres sont multipliés par un mesme nombre, les trois produits seront les trois costés d'un Triangle Rectangle en nombres ; & si les trois costés d'un Triangle Rectangle en nombres ont une mesme mesure autre que l'unité, & qu'ils soient divisés par cette commune mesure ; les trois quotiens seront les trois costés d'un Triangle Rectangle en nombres.

## III.

Tout nombre quarré eſt meſuré par tous les nombres qui meſurent ſa racine : il en eſt de même des nombres cubes, quarrés quarrés, & autres puiſſances : & ſi un quarré eſt meſuré par un nombre premier, ſa racine ſera auſſi meſurée par ce nombre premier, ou ſera ce meſme nombre premier.

## IV.

Un nombre quarré eſtant multiplié par un autre nombre quarré, le produit eſt un nombre quarré : mais s'il eſt multiplié ou diviſé par un nombre non quarré ; le produit ny le quotient ne ſeront point des quarrés.

## V.

Tout nombre multiplié par

un nombre pair, fait un nombre pair ; & tout nombre impair ajouſté à un nombre pair, ou multiplié par un impair, fait un impair ; & la ſomme de deux impairs, eſt un nombre pair.

## VI.

Si deux nombres ſont entr'eux comme quarré à quarré, leurs moitiés, ou autres pareilles parties, ſeront auſſi entre-elles comme quarré à quarré.

## VII.

Si deux nombres ont entre-eux une commune meſure ; la ſomme & la difference de ces nombres, & auſſi leurs doubles, auront la meſme commune meſure.

## VIII.

Le quarré de la ſomme de deux nombres eſt égal au quarré de

leur difference, & au quadruple du produit des mesmes nombres.

## I X.

Si un mesme nombre multi-plie deux nombres & leur diffe-rence ; ce dernier produit fera la difference des deux premiers produits.

## X.

Trois nombres eſtant donnés, le nombre ſolide produit par ces nombres ſera toûjours le même, en quelque ordre qu'on les mul-tiplie ; le meſme arrivera s'il y a plus de 3 nombres qui ſe multi-plient de ſuitte.

## XI.

Deux nôbres plans ſemblables ne peuvent eſtre premiers entr'-eux, n'y l'un d'eux premier au double de l'autre; d'où il s'enſuit, que le produit de deux nombres premiers entr'eux ne peut eftre un nombre quarré, s'ils ne font eux-mefmes des quarrés ; ny double quarré, fi l'un d'eux n'eft un quarré, & l'autre un double quarré.

## XII.

On fuppofe auffi, que ce qu'on fait voir par le Calcul de l'algebre, n'a pas befoin d'autre preuve ; & on l'employe dans ce traitté, lorfque les propofitions font faciles, ou que leurs demonftrations font trop obfcures.

## REMARQVES

### I.

*Ces propofitions font fuppofées, comme eftant demonftrées par les Autheurs, ou parce qu'elles font faciles d'elles mefmes.*

## II.

*L'unité est icy employée pour nombre, & mesme pour nombre quarré ou quarré quarré.*

## III.

*Lors qu'on parle icy de Triangles, ou de Triangles Rectangles, on entend parler des Triangles Rectangles en nombres entiers.*

# LEMME,

# PROPOSITION I.

*Tout nombre au dessus de l'unité est ternaire, ou ternaire + ou — r.*

## DEMONSTRATION.

LE premier nombre au dessus de l'unité est 2, qui est moindre d'une unité que 3, & par conséquent est ternaire —1, & entre deux ternaires de suitte comme 3, & 6, ou 6 & 9 &c. il n'y a toûjours que deux nom-

A v

bres, comme entre 3 & 6, il n'y
a que 4 & 5, dont le premier
excede le premier ternaire d'une
unité, & le second est moindre
d'une unité que le second ternaire, & par consequent le premier
est ternaire —+ 1, & le second ternaire — 1. La même chose arrive
necessairement dans tous les autres nombres : donc tout nombre
au dessus de l'unité est ternaire,
ou ternaire —+ ou — 1 ; ce qu'il
falloit prouver.

## LEMME,
## PROPOSITION II.

*Tout nombre impair au dessus de
l'unité est quaternaire —+ ou — 1.*

## DEMONSTRATION.

LE premier impair au dessus
de l'unité est 3, qui est
moindre d'une unité que 4, &
par consequent est quaternaire

—1, & entre deux quaternaires de suite, comme 4 & 8, ou 8 & 12 &c. il n'y a toujours que trois nombres, dont celuy du milieu est pair, & les autres deux sont impairs, comme entre 4 & 8, il n'y a que 5, 6 & 7, dont 5 & 7 sont impairs ; & il est manifeste que 5 est 4 + 1, c'est à dire quaternaire + 1, & que 7 est 8 — 1, c'est à dire quaternaire — 1, puisque 8 est quaternaire. La mesme chose arrive necessairement dans tous les autres nombres à l'infini. Donc tout nombre impair au dessus de l'unité est quaternaire + ou — 1 ; ce qu'il falloit prouver.

## LEMME,

## PROPOSITION III.

*Tout nombre au dessus du nombre 2 est quinaire, ou quinaire + ou — 1, ou quinaire + ou — 2.*

## DEMONSTRATION.

Les deux premiers nombres entre 2 & 5, font 3 & 4, & il est evident que 3 est 5 — 2 & que 4 est 5 — 1 ; & par consequent 3 est quinaire — 2, & 4 est quinaire — 1 : & entre deux quinaires de suitte, comme 5 & 10, ou 10 & 15 &c. il n'y a toûjours que quatre nombres, comme entre 5 & 10, il n'y a que 6, 7, 8, & 9, dont le premier excede 5 d'une unité, le second de deux unitez ; le troisiéme est moindre de deux unitez, que le second quinaire, & le quatriéme seulement d'une unité, & par consequent le premier de ces quatre nombres, est quinaire — 1, le second est quinaire — 2, le troisiéme quinaire— 2, & le quatriéme quinaire — 1 : La mesme chose arrive necessairement dans tous les autres nombres à l'infini. Donc

tout nombre au deſſus du nombre 2, eſt quinaire, ou quinaire
━ ou ━ 1 ou quinaire ━ ou
━ 2 ; ce qu'il falloit prouver.

## LEMME,

## PROPOSITION IV.

*Le quarré de tout nombre paire-*
*ment pair eſt octonaire, & le quarré*
*de tout nombre pairement impair, au*
*deſſus de 2. eſt octonaire ━ 4.*

## DEMONSTRATION.

L E premier nombre paire-
ment pair eſt 4, & d'autant
que 4 eſt moyen proportionnel
entre 2 & 8, ſon quarré 16 ſera
égal à 2 fois 8, & par conſequent
ſera meſuré par 8, c'eſt à dire ſera
octonaire. Or tout autre nom- Def. 6.
bre pairement pair eſt multiple
de 4. Soit donc 4 A, lequel on
voudra de ces nombres, ſon quarré ſera 16 $A^2$, qui ſera multiple

de 16 par $A^2$, c'est à dire de 8 par $2A^2$, & par conséquent ce quarré sera mesuré par 8, & sera octonaire. Donc le quarré de tout nombre pairement pair est octonaire. Que si un nombre au dessus de 2 est pairement impair, il sera $4A + 2$, & son quarré sera $16A^2 + 16A + 4$ c'est à dire octonaire $+ 4$, puisque la somme de $16A^2$ & de $16A$ est octonaire, donc le quarré de tout nombre pairement pair &c. Ce qu'il falloit prouver.

## L E M M E,

## P R O P O S I T I O N  V́.

*Tout nombre quarré au dessus de l'unité est ternaire, ou ternaire $+ 1$.*

## DEMONSTRATION,

Tout nombre au dessus de l'unité est ternaire ou ternaire $+$ ou $- 1$. Or si la racine du quarré eſt ternaire , ſon supp. 8. quarré le ſera auſſi.

Si elle eſt ternaire $+ 1$, ſon quarré ſera auſſi ternaire $+1$. Car supp.12. ſoit cette racine $3$ A $+ 1$, ſon quarré ſera égal au quarré de $3$ A , plus 2 fois le produit de $3$ A par 1 , plus le quarré de l'unité ; mais les trois premiers nombres eſtant ternaires , leur ſomme ſera ternaire; ſi donc on y adjoûte le quatriéme qui eſt l'unité, le tout qui eſt le quarré de $3$ A $+1$ ſera ternaire $+ 1$.

Que ſi la racine eſt ternaire $—1$ ſon quarré ſera auſſi ternaire $+ 1$. Car ſoit cette racine $3$ A $—1$ : ſon quarré ſera égal au quarré de l'unité, plus le quarré supp.12. de $3$ A ſçavoir $9$ A$^2$, moins $6$ A, qui eſt deux fois le produit de $3$ A par 1; mais $6$ A eſtant ternaire, ſi on l'oſte de $9$ A$^2$, quarré de $3$ A, qui eſt ternaire , le reſte ſera ternaire ; & par conſequent eftant joint au quarré de l'unité, le tout fera ternaire + 1. Donc tout nombre quarré au deffus de l'unité eft ternaire ou ternaire + 1 ; ce qu'il falloit prouver.

## LEMME,

## PROPOSITION VI.

*Si un nombre quarré eft mefuré par un nombre premier, il le fera auffi par fon quarré : & fi un nombre eft mefuré par un nombre premier, & non par fon quarré ; il ne fera pas nombre quarré,*

## DEMONSTRATION.

Soit A un nombre premier qui mefure B², je dis que A² mefurera auffi B² ; car A mefurera auffi B ; foit C le nombre par lequel il le mefure : donc C A fera égal à B, & C² A² quarré de C A, fera égal à B². Donc B² fera mefuré par A². Ce qu'il falloit

falloit prouver. Que fi D eft un nombre mefuré par **A** nombre premier, & non par $A^2$; il ne fera pas quarré : car s'il eftoit quarré, il feroit auffi mefuré par $A^2$ par la 1. partie; ce qui eft contre l'hypothefe. Donc fi un nombre quarré eft mefuré &c. Ce qu'il falloit prouver. On prouvera, de mefme qu'en la premiere partie, qu'un nombre quarré eft mefuré par les quarrez de tous les nombres qui mefurent fa Racine.

## L E M M E,

## PROPOSITION VII.

*Tout nombre quarré impair au deffus de l'unité, eft octonaire + 1.*

## DEMONSTRATION.

TOut nombre impair au deffus de l'unité eft quaternaire + ou — 1; Or fi la Ra- Prop. 2.

B

cine du quarré impair eſt $4\,A +$
Supp. 12. 1 ; ſon quarré ſera $16\,A^2$, plus $8$
Prop. 4. $A$, plus l'unité : mais $16\,A^2$ eſt meſuré par $8$, & $8\,A$ eſt auſſi meſuré par $8$ ; donc leur ſomme ſera meſurée par $8$ ; & y adjoûtant le quarré de l'unité, le tout ſera octonaire $+\,1$. Que ſi la
Supp. 12. Racine eſt un quaternaire $-\,1$ ; pour avoir ſon quarré il faudra oſter du quarré du premier nom meſuré par $16$, le double produit des deux noms qui eſt octonaire ; & il reſtera un octonaire, auquel adjoûtant l'unité quarré du $2^e$ nom $-\,1$, on aura encore un octonaire $+\,1$, pour le quarré d'un quaternaire $-\,1$. Donc tout nombre quarré impair au deſſus de l'unité eſt octonaire $+\,1$ ; ce qu'il falloit prouver.

## CONSEQVENCE I.

Il s'enſuit que la ſomme de deux quarrez impairs, eſt

toûjours un nombre impairement pair , & n'est point un
nombre quarré. Cela est evi_
dent; car si on assemble un octonaire ─+ 1, avec un octonaire ─+
1, ou avec l'unité prise pour un
nombre quarré,on aura un octonaire ─+ 2 , qui estant mesuré
par 2, & non par son quarré 4 ,
sera un nombre impairement Def. 6.
pair , & ne sera point quarré :
que si on assemble deux quarrez prop. 6.
de l'unité , qui sont deux quarrez impairs, leur somme sera 2 ,
qui est un nombre impairement
pair & non quarré.

## CONSEQVENCE II.

Il suit de cette proposition ,
& de la 5, que tout quarré impair au dessus de l'unité qui n'est
point mesuré par 3, surpasse de
l'unité un nombre mesuré par
24 ; puisqu'il surpasse de l'unité,
un multiple de 3, & un multi-

ple de 8, & que le produit de ces 2 nombres est mesuré par 24.

## LEMME;
# PROPOSITION VIII.

*Tout quarré au dessus de l'unité qui n'est point mesuré par 5, est quinaire + ou — 1.*

## DEMONSTRATION.

TOut nombre plus grand que le binaire qui n'est point mesuré par 5 est quinaire
Prop. 3. + ou — 1 ou quinaire + ou — 2. S'il est quinaire + ou — 1, son quarré sera quinaire + 1, par un raisonnement semblable à celuy de la proposition 5.

S'il est quinaire + ou — 2, son quarré sera quinaire + 4, par le mesme raisonnement ; ainsi le quarré de 5 A + 2, est 25 A² + 20 A + 4, & le quar-
Supp. 12. ré de 5 A — 2 est 25 A² — 20 A

━ 4 : & il eſt evident que chacun de ces quarrez eſt quinaire
━ 4 , mais un quinaire ━ 4 eſt
quinaire ━ 1 , & parce que 4
quarré du binaire, eſt auſſi quinaire ━ 1 ; il s'enſuit que tout
quarré au deſſus de l'unité qui
n'eſt point meſuré par 5 , eſt quinaire ━ ou ━ 1. Ce qu'il falloit prouver.

## CONSEQVENCE.

De cette propoſition il s'enſuit, que tout quarré qui n'eſt
point meſuré par 5, a pour ſon
dernier chiffre ou caractere à
main droite , l'un des quatre
nombres 1 , 4 , 6 , 9 ; & que les
nombres qui ont pour leur dernier chiffre 2 , 3 , 7 ou 8 , ne ſont
point quarrez : la raiſon en eſt
evidente , puiſque le chiffre fi-
nal de tout nombre meſuré par
5, eſtant 5 ou 0 , les nombres qui
ont pour dernier chiffre 1 , 4 , 6 ,

B iij

ou 9, font differens par l'unité
d'un nombre mefuré par 5, ce
qui eft neceffaire pour faire
qu'ils foient quarrez : & que les
nombres qui ont pour dernier
chiffre l'un des quatre autres
nombres, en font differents par
2, & par confequent ne font
point quarrez par cette Prop. 8.

# LEMME,

# PROPOSITION IX.

*Tout quarré quarré au deffus de
l'unité, qui n'eft point mefuré par 5,
eft quinaire ÷ 1.*

## DEMONSTRATION.

Uifque le quarré quarré
n'eft pas mefuré par 5, fa
Supp. 3. racine quarrée ne le fera pas
auffi ; & parce que cette racine
eft un quarré, elle fera quinaire
prop. 8. ÷ ou — 1, & fon quarré, qui eft
un quarré quarré, fera quinaire

⊷ 1 par un raisonnement semblable à celuy de la 4 Proposition.

## CONSEQVENCE.

Il s'ensuit, que le dernier
chiffre de tout quarré quarré,
qui n'est point mesuré par 5, est
1 ou 6 : la raison est, que tout
nombre mesuré par 5, a pour
son dernier chiffre 5 ou 0, à quoi
adjoûtant l'unité, on aura 1, ou
6, pour le dernier chiffre du
quarré quarré, puisqu'il doit
estre quinaire ⊷ 1.

## PROPOSITION X.

*Si on prend deux Nombres iné-
gaux quelconques, le double de leur
produit, & la difference de leurs
quarrez, seront les deux costez d'un
Triangle rectangle, & la somme
des mesmes quarrez en sera l'hypotenuse.*

E. F. G.
C. H. D.
A. B.

## DEMONSTRATION.

SOient A & B deux nombres donnez, dont A soit le plus grand, C le quarré de A ; D le quarré de B ; E la somme de ces deux quarrez ; G leur differen- ce ; F le double produit de A par B : je dis que les trois nombres E, F, G, sont les trois costez d'un Triangle rectangle : car soit H, le produit de A par B, d'autant que F est double de H, son quar- ré sera quadruple du quarré de H, mais H estant moyen propor- tionnel entre C & D, son quar- ré sera égal au produit de C par D, donc le quarré de F, sera quadruple du produit de C par D : mais 4 fois le produit de C

Supp. 8. par D, avec le quarré de G leur

difference,

difference, eſt eſgale au quarré de leur ſomme E. Donc le quarré de F, avec le quarré de G, ſera égal au quarré de E ; & par conſequent les trois nombres E, F, G, feront les trois coſtez d'un Triangle rectangle, & E en ſera l'hypotenuſe. Ce qu'il falloit prouver.

*Def. 1.*

*Def. 2.*

## *Demonſtration algebrique.*

$A^2 + B^2$, $A^2 - B^2$, $2AB$, font les trois nombres E, G, F, le quarré de $A^2 + B^2$ eſt $A^4 + B^4 + 2A^2B^2$ le quarré de $A^2 - B^2$ eſt $A^4 + B^4 - 2A^2B^2$, qui eſtant joint au quarré de $2AB$, ſçavoir $4A^2B^2$, fait auſſi $A^4 + B^4 + 2A^2B^2$. On appellera ces nombres A & B, les generateurs du Triangle rectangle, qui ſera dit eſtre formé ou engendré par ces nombres ; & le double de leur produit, ſera appellé le coſté pair du Triangle, parcequ'il

*Supp. 12.*

C

eſt toûjours un nombre pair.

## CONSEQVENCE.

Il s'enſuit que ſi un nombre eſt compoſé de deux quarrez, la difference du quarré de ce nombre compoſé, & du quarré de la difference des meſmes quarrez, ſera le quarré du double produit de leurs racines, puiſque ces racines ſeront les nombres generateurs d'un Triangle, qui aura pour ſon hypotenuſe, la ſomme de leurs quarrez.

### Exemple.

13. eſt compoſé des 2 quarrez 9 & 4, dont les racines ſont 2 & 3 : la difference de 169 quarré de 13, & de 25 quarré de 5 ( difference de 9 & 4 ) eſt 144, qui eſt le quarré de 12, double produit de 3 par 2.

# PROBLEME,

# PROPOSITION XI.

*Trouver 3 nombres quarrez en progreßion Arithmetique.*

SOient A & B les deux coſtez d'un Triangle rectangle trouvé par le moyen de deux nombres, comme il a eſté enſeigné en la Propoſition precedente; & que C ſoit l'hypotenuſe de ce Triangle : je dis que ſi on prend les trois nombres A — B, A + B & C ; leurs trois quarrez ſeront en progreßion Arithmetique. Car le quarré de A — B, ſera $A^2 + B^2 - 2AB$, ₛᵤₚₚ.₁₂: le quarré de C ſera $A^2 + B^2$, puiſque ſon quarré eſt égal à la ſomme des quarrez de A & B, & le quarré de A + B, ſera $A^2 + B^2 + 2AB$ : & il eſt evident que ces trois quarrez ont pour difference 2 AB, double produit de

C ij

A, par B : ainfi le Triangle rectangle 5, 12, 13, eftant donné, la difference de 5, & de 12, eft 7, & leur fomme 17, dont les quarrez font 49, & 289, & le quarré de l'hypotenufe 13, eft 169 : Or les trois quarrez 49, 169, 289, ont pour difference commune 120, double produit de 5 par 12 : & par confequent ces trois quarrez font en progreffion arithmetique.

## CONSEQVENCE.

Il s'enfuit que la difference du quarré de l'hypotenufe, au quarré de la fomme des deux coftez, ou au quarré de leur difference, eft quadruple de l'aire du triangle ; car les coftez du triangle eftant A & B, l'aire fera $\frac{1}{2}$ A B ; & la difference du quarré de l'hypotenufe, au quarré, foit de la fomme, foit de la difference

Def. 2.

des deux coſtez eſt $2AB$; qui eſt
quadruple de $\frac{1}{2}AB$.

# PROPOSITION XII.

*Si les nombres generateurs d'un Triangle rectangle ſont multipliez par un meſme nombre, les deux produits ſeront les generateurs d'un autre Triangle rectangle, qui ſera multiple du premier, par le quarré du multipliant.*

## DEMONSTRATION.

SOient A & B les generateurs d'un Triangle rectangle, dont A ſoit le plus grand; & ſoient multipliez par quelconque nombre C; les produits ſeront C A, & C B : Or les trois coſtez du triangle qu'ils formeront, ſeront $C^2A^2 + C^2B^2$, prop. 10. $C^2A^2 - C^2B^2$, & $2ABC^2$, qui ſont multiples par $C^2$, des 3 coſtez du $1^{er}$ Triangle $A^2 + B^2$, $A^2 - B^2$, & $2AB$.

## Exemple.

Soient 2 & 3 les generateurs du triangle 5, 12, 13, & soient multipliez 2, & 3, par 5 : les produits seront 10, & 15, qui seront *prop. 10* les generateurs du triangle 325, 125, & 300, dont les costez sont *Def. 5* multiples de 13, 5, 12, par 25 quarré du multipliant. Donc ce dernier triangle sera multiple du premier par ce quarré.

## PROPOSITION XIII.

Si en un *Triangle rectangl*, deux des trois costez n'ont point de commune mesure autre que l'unité, le troisiéme costé n'en aura point aussi avec aucun des deux autres ; & le *Triangle* sera primitif. Et si deux des trois costez ont une commune mesure autre que l'unité, tous les trois auront la mesme mesure, & le *Triangle* sera composé.

## DEMONSTRATION.

LA premiere partie de cette Proposition se demonstre ainsi. Si le troisiéme costé avoit une commune mesure avec quelqu'un des autres costez, leurs *Supp. 3.* quarrez l'auroient aussi, & pareillement la somme & la diffe- *Supp. 7.* rence des mesmes quarrez. Or la somme ou la difference de ces *Def. 1.* quarrez, est le quarré de l'autre costé: donc ce 3ᵉ quarré auroit la mesme mesure; & par conséquent les quarrez des deux côtez qu'on a supposé 1ᵉʳˢ entr'eux, auroient une commune mesure, & seroient composez entr'eux; mais lorsque deux quarrez sont composez entr'eux, leurs costez sont aussi composez entr'eux; car s'ils estoiēt 1ᵉʳˢ entr'eux, leurs *Eucl. 19.* quarrez le seroient aussi : d'où il *7.* s'ensuit que les deux costez qu'on a supposé premiers entr'-

C iiij

eux , feroient compofez entr'-
eux , ce qui eft abfurde.

Pour la 2ᵉ. partie, fi le 3ᵉ. cofté
n'avoit pas une commune mefure avec l'un des deux autres; ces
deux autres n'en auroient point
auffi entr'eux , par ce qui a efté
dit, en la premiere partie: ce qui
eft contre l'hypothefe. Donc fi
en un Triangle rectangle &c. Ce
qu'il falloit prouver.

## CONSEQVENCE.

Il s'enfuit, que fi l'un des trois
coftez eft un nombre premier ,
le Triangle fera primitif ; puis
que ce cofté , ne peut avoir de
commune mefure avec les deux
autres.

Que fi l'on dit que le moindre cofté eftant premier, il peut
eftre la commune mefure des
deux autres, on prouvera qu'il
eft impoffible : car l'hypotenufe feroit differente de l'autre

cofté par ce mefme nombre
premier, ou par un multiple de
ce premier : & en tous les deux
cas, fon quarré feroit plus grand
que la fomme des quarrez des
deux autres coftez, ce qui eft Supp. 1.
abfurde.

## PROPOSITION XIV.

*Si on prend deux nombres quel-*
*conques premiers entr'eux, dont l'un*
*foit pair, & l'autre impair; le*
*Triangle dont ils feront les gene-*
*rateurs, fera primitif.*

## DEMONSTRATION.

SOient **A** & **B** premiers entr'eux, dont l'un foit pair, &
l'autre impair ; je dis que le
Triangle rectangle qu'ils forme-
ront, fçavoir $A^2 + B^2$, $A^2 -$ prop. 10.
$B^2$ & $2 A B$, fera primitif : car A
& B eftant premiers entr'eux,
leurs quarrez $A^2$ & $B^2$ feront
auffi premiers entr'eux ; & leur Eucl. l. 7.

somme $A^2 + B^2$, fera auffi nombre premier à chacun d'eux, & par confequent à leurs racines $A$ ou $B$, & à leur produit $A B$ : Mais

Supp. 5. $A^2 + B^2$ eftant la fomme d'un pair & d'un impair, fera un impair ; donc il fera premier au nombre 2 , & eftant premier à

Eucl.l. $A B$, il fera premier à $2 A B$ côté pair du Triangle, donc il fera auffi premier à l'autre cofté $A^2$

prop.13. $- B^2$, & les trois coftez n'auront point de commune mefure entr'eux, & par confequent le

Def. 3. triangle fera primitif : Ce qu'il falloit prouver.

## CONSEQVENCE.

Il s'enfuit que tout nombre compofé de deux quarrez premiers entr'eux , dont l'un eft pair , & l'autre impair , eft l'hypoténufe d'un Triangle primitif, qui aura pour fon cofté pair le double produit des 2 racines de

ces quarrez, & pour fon cofté
impair la difference de ces deux
quarrez : car les racines de ces
deux quarrez, feront deux nombres premiers entr'eux , dont
l'un fera pair , & l'autre impair;
& par confequent le triangle
qu'ils formeront, fera primitif,
par cette 14 Propofition.

## PROPOSITION XV.

*Tout Triangle rectangle eft pri-
mitif ou multiple d'un primitif.*

## DEMONSTRATION.

OU les trois coftez du triangle font premiers entre
eux , & en ce cas, il fera primi- Def. 36.
tif; ou ils feront compofez en-
tr'eux : foient divifez ces derniers par leur plus grande commune mefure : les trois quotiens supp. 2.
feront les trois côtez d'un triangle rectangle ; & parcequ'ils fe- Eucl. l. 7.
ront premiers entr'eux, le trian-

gle fera primitif ; & par confequent l'autre triangle fera multiple de ce primitif par cette
plus grande commune mefure.
Donc tout Triangle rectangle
&c. Ce qu'il falloit prouver.

## LEMME,

## PROPOSITION XVI.

*La moitié de la fomme de deux
nombres, eftant jointe à la moitié
de leur difference, fait un nombre
égal au plus grand des deux nombres : & la moitié de leur difference eftant oftée de la moitié de
leur fomme, le refte fera le moindre
des deux nombres.*

## DEMONSTRATION
### Algebrique.

Supp. 12. A & B font les deux nombres, A + B eft leur fom-
me, & A — B leur difference ;
$\frac{1}{2}$A + $\frac{1}{2}$B joint à $\frac{1}{2}$A — $\frac{1}{2}$B, fait

le plus grand nombre A ; & $\frac{1}{2}$ A
— $\frac{1}{2}$ B estant osté de $\frac{1}{2}$ A —+ $\frac{1}{2}$ B,
fait le plus petit, sçavoir B.

## CONSEQVENCE

De là il s'ensuit que A —+ B
joint à A — B, fait 2 A, & que A
— B estant osté de A —+ B, le
reste est 2 B.

## LEMME,

## PROPOSITION XVII.

*Les quarrez de la somme & de la*
*difference de deux nombres, estant*
*joints ensemble, font une somme ega-*
*le au double de la somme des quarrez*
*des mesmes nombres.*

## DEMONSTRATION.
### Algebrique.

SOit A le plus grand nom-
bre & B le plus petit ; leur
somme sera A —+ B, & leur difference A — B ; le quarré de A

Supp.11. $+$ B, fera $A^2 + B^2 + 2AB$ ; le quarré de A $-$ B fera $A^2 + B^2 - 2$ AB : la fomme de ces 2 quarrez eft $2 A^2 + B^2$, qui eft double de $A^2 + B^2$. Ce qui eftoit à prouver.

## LE MME,

## PROPOSITION XVIII.

*La difference de deux quarrez eft le produit de la fomme de leurs racines, par la difference des mefmes racines.*

### DEMONSTRATION.
#### Algebrique.

A & B font les racines, $A^2 - B^2$ eft la difference de leurs quarrez, A $-$ B eft la difference des racines qui multipliant leur fomme A $+$ B fait $A^2 + AB$, A B Supp.11. $- B^2$, & par reduction $A^2 - B^2$, nombre égal à la difference des quarrez des racines A & B. Ce qu'il falloit prouver.

## CONSEQVENCE I.

Il s'enfuit que la moindre difference de 2 quarrez eſt 3, puiſque c'eſt le produit de la ſomme des deux moindres nombres 1 & 2, par leur difference 1, qui eſt le moindre de tous les nombres.

## CONSEQVENCE II.

Il s'enfuit que ſi les nombres generateurs d'un Triangle rectangle, ont l'unité pour difference, leur ſomme ſera le coſté impair de ce triangle.

# PROPOSITION XIX.

*En tout Triangle rectangle primitif, l'un des deux coſtez eſt pair, & l'autre impair, & l'hypotenuſe eſt auſſi un nombre impair.*

# DEMONSTRATION.

SI l'un des coſtez n'eſt pas pair, & l'autre impair ils ſeront tous deux pairs, ou tous deux impairs. Ils ne peuvent eſtre tous deux pairs ; car ils auroient 2 pour commune meſure, & le triangle ne ſeroit pas primitif contre l'hypotheſe. Ils ne peuvent eſtre tous deux impairs, parceque chacun de leurs quarrez, ſeroit un quarré impair, & par conſequent octonaire + 1, donc la ſomme de ces quarrez qui doit eſtre le quarré de l'hypotenuſe ſeroit octonaire + 2, & ne ſeroit pas un nombre quarré : ce qui eſt abſurde. Il reſte donc que l'un des coſtez ſoit pair, & l'autre impair : Or le quarré de l'un de ces coſtez ſera pair, & celuy de l'autre impair, & par conſequent leur ſomme qui eſt le quarré de l'hypotenuſe,

Prop. 7.

2. Conſ.
prop. 7.

Supp. 1.

Supp. 5.

fe, fera un quarré impair: d'où il fuit que l'hypotenufe fera un nombre impair. Ce qui eftoit à prouver.

## LEMME,

# PROPOSITION XX.

*L'hypotenufe de tout triangle pri-mitif eft la fomme de deux quarrez inégaux, & premiers entr'eux, dont l'un eft pair, & l'autre impair : & le cofté impair du mefme triangle eft la difference des mefmes quarrez.*

## DEMONSTRATION.

PUifque l'hypotenufe d'un triangle primitif eft un nombre impair , & qu'un des deux coftez eft auffi impair , la fomme de l'hypotenufe & du cofté impair , & leur difference feront des nombres pairs: mais parceque la difference des quar-rez de l'hypotenufe & du cofté

Prop. 19

Supp. 5.

Def. 1.

D

& supp.
1.
impair, est un quarré, sçavoir le quarré du costé pair, & que ce quarré est le produit de la somme & de la difference des deux autres costez qui sont impairs:

Prop. 18.

Supp. 5.
cette somme & cette difference, qui seront des nombres pairs, seront entr'elles comme quarré

Supp. 6.
à quarré : & leurs moitiez qui seront des nombres entiers, seront aussi entre elles comme quarré à quarré : mais la somme de ces moitiez est l'hypotenuse de ce triangle, & la difference

Prop. 16.
en est le mesme costé impair : Or si ces deux nombres ( c'est à dire ces deux moitiez ) avoient une commune mesure, elle mesureroit aussi leur somme & leur

Supp. 7.
difference, sçavoir l'hypotenuse, & le costé impair de ce triangle. Donc ces nombres seroient composez entr'eux, & le trian-

Def. 3.
gle ne seroit pas primitif, contre l'hypothese. Donc ces deux

nombres font premiers entre eux, & parcequ'ils font entr'eux comme quarré à quarré, ce fe- supp.11 ront deux quarrez premiers en- tr'eux : & puis que leur fomme qui eft l'hypotenufe eft un im- Prop.19. pair, l'un fera pair, & l'autre impair. Il a efté auffi prouvé, que leur difference eftoit le cô- té impair de ce triangle : donc l'hypotenufe de tout triangle primitif, &c. Ce qu'il falloit prouver.

## CONSEQVENCE I.

Il fuit de cette propofition, que tout Triangle primitif a deux nombres generateurs pre- miers entr'eux, dont l'un eft pair & l'autre impair : car d'autant que l'hypotenufe de quelcon- que triangle primitif, eft la fom- me de deux quarrez premiers entr'eux, dont l'un eft pair, & l'autre impair : leurs racines fe-

ront auſſi des nombres premiers
entr'eux, dont l'un ſera pair, &
l'autre impair. Donc ces nombres feront les generateurs d'un
*Prop. 14.* triangle primitif, qui ſera le
meſme que celuy qui a pour hypotenuſe, la ſomme de leurs
quarrez.

## CONSEQVENCE II.

Il s'enſuit auſſi que l'hypotenuſe d'un triangle primitif ſur-
paſſe de l'unité un quaternaire.
*prop. 20.* Car puis qu'elle eſt la ſomme
d'un quarré pair, & d'un im-
*prop. 4* pair, & que le quarré pair eſt 4,
ou multiple de 4, & l'impair eſt
*prop. 7.* l'unité, ou eſt octonaire + 1,
cette ſomme ſurpaſſera de l'unité un quaternaire.

## CONSEQVENCE III.

Il s'enſuit auſſi qu'il n'y a aucun Triangle rectangle primitif
dont le coſté impair ſoit moin-

dre que 3, le costé pair moindre
que 4, & l'hypotenuse moindre
que 5, puisque 4, & 1 sont les
moindres nombres quarrez : &
leurs racines les deux moindres
nombres.

## PROPOSITION XXI.

*Si on prend deux nombres quelcon-*
*ques impairs & premiers entr'eux, le*
*Triangle dont ils seront les genera-*
*teurs, sera double d'un primitif, &*
*ces deux nombres seront la somme &*
*la difference des deux nombres gene-*
*rateurs de ce primitif : & le costé qui*
*est la difference des quarrez de ces*
*deux nombres impairs, & premiers*
*entr'eux, sera double du costé pair du*
*primitif, & leur double produit sera*
*double de son costé impair.*

## DEMONSTRATION.

A.......E......D......B........C

**S**Oient A B & B C, deux
nombres impairs & pre-
D iij

miers entr'eux, dont A B soit le plus grand, & soit A D, la difference de A B, B C : il est evi-

Supp. 5. dent que A D, sera un nombre pair, soit iceluy divisé en deux également, & soient A E, E D, les moitiez de ce nombre.

D'autant que B D est égal à B C, & D E, à E A ; le nombre B E, sera la moitié du nombre A C ; le nombre A B sera la somme des deux nombres B E, & E A ( ou E D : ) & le nombre D B ( ou B C ) en sera la difference : cela estant, je dis que A E, E B sont premiers entr'eux : car A B & B C estant premiers entr'eux par l'hypothese, leur somme A C, sera nombre premier à A B

Eucl. 7. & à B C ( ou B D, ) & E B moitié de A C, sera aussi premier à A B, & B D, donc il sera premier à D E, c'est-à-dire A E difference de E B, D B, donc A E, E B, sont premiers entr'eux. Il est en-

core evident, que l'un de ces
nombres eſt pair, & l'autre impair: car ils compoſent enſem-
ble AB, qui eſt impair, & eſtant
premiers entr'eux, ils feront les
generateurs d'un triangle primi- prop. 14.
tif, je dis maintenant que le
triangle formé par les deux
nombres AB, BC, a ſes trois
coſtez doubles des trois coſtez
du triangle formé par les deux
nombres AE, EB, ſçavoir
l'hypotenuſe de l'hypotenuſe, le
coſté pair de l'impair du primitif, & l'autre coſté de ſon coſté
pair. Car AB, & BC eſtant la
ſomme & la difference des deux
nombres AE, EB, la ſomme des
quarrez de AB, & de BC, ſera
double de la ſomme des quarrez prop. 17.
de AE, & EB, & ces deux ſom-
mes ſont les hypotenuſes des
deux triangles. Il eſt encore evident, que la difference des quarrez des nombres AB & BC, eſt

prop. 18. un nombre égal au produit de leur somme A C par leur difference A D ; mais A D estant double de A E , & A C, de E ʙ , le produit de A C par A D, sera quadruple du produit de A E par E ʙ , c'est à dire double du double produit de A E par E ʙ qui est le costé pair du triangle primitif : & par consequent le côté qui est la difference des quarrez de A ʙ ; ʙ c , sera double du côté pair du triangle formé par A E, E ʙ : Il est encore manifeste que le costé impair de ce triangle primitif, est la difference des prop. 14. quarrez de ʙ E , & A E ; & par consequent est égal au produit de A ʙ par D ʙ, ( ou ʙ C. ) Donc le double produit de A B par B C, qui est le costé pair du triangle formé par A ʙ, ʙ C, estant double du simple produit de A ʙ par ʙ C , sera double du costé impair du triangle primitif. Donc

fi

ſi on prend deux nombres quelconques, &c. Ce qu'il falloit
prouver.

La converſe de cette propoſition eſt aiſée à prouver, ſçavoir que ſi un triangle rectangle
eſt double d'un primitif, c'eſt à
dire multiple d'un primitif par
2, la ſomme & la différence des
generateurs du primitif ſeront
les generateurs de ce triangle
double, & ſeront impairs, &
premiers entr'eux, car A E, E B,
eſtant les generateurs du primitif, A B, B C, ſeront leur ſomme & leur difference; or ces derniers nombres ſont impairs : ils
ſont auſſi premiers entr'eux; car
ſi A B avoit une commune meſure avec B C, ou B D, elle me-
ſureroit auſſi le reſte A D, ce qui
eſt abſurde ; puiſque A B premier à A E eſtant impair, il
ſera auſſi premier au nombre 2,
& par conſequent il ſera auſſi

*Supp. 5.*

E

Eucl.7.

premier à leur produit A D, égal à 2 fois A E, & suivant ce qui a esté prouvé cy-deſſus, ces deux nombres A B, B C seront les generateurs de ce triangle double du primitif, d'où il suit auſſi que tout triangle double d'un primitif, a ſon hypotenuſe compoſée de deux quarrez, & a deux nombres generateurs.

### Demonstration Algebrique.

Soient A & B les nombres A E & E B ; A $+$ B ſera A B, & A $-$ B ſera B C, or les trois coſtez du triangle primitif ſeront A$^2$ $+$ B$^2$, A$^2$ $-$ B$^2$, & 2 A B, & l'hypotenuſe de l'autre triangle ſera la ſomme des deux quarrez A$^2$ $+$ B$^2$ $+$ 2 A B, & A$^2$ $+$ B$^2$ $-$ 2 A B;

Supp.12.

laquelle ſomme eſtant 2 fois A$^2$ $+$ B$^2$, elle ſera double de l'autre hypotenuſe. A$^2$ $+$ B$^2$, la difference des deux quarrez de A $+$ B & de A $-$ B eſt 4 A B double du cofté pair de l'autre triangle; car le moindre quarré $A^2 + B^2$ — $2 AB$ eftant ofté de $A^2 + B^2 + 2 A B$, il refte $4 A B$; & enfin le double produit de $A + B$ par $A — B$ fera $2 A^2 — 2 B^2$, double du cofté impair du triangle primitif, fçavoir $A^2 — B^2$.

## CONSEQVENCE.

Il s'enfuit que l'hypotenufe d'un triangle double d'un primitif eft un nombre pair compofé de deux quarrez impairs, & premiers entr'eux.

## PROPOSITION XXII.

*Aux Triangles multiples d'un primitif par un quarré : l'hypotenufe eft la fomme de deux quarrez, & le côté qui eft la differance de ces quarrez, eft multiple du cofté impair du primitif, par le mefme quarré multiplicateur de fes trois coftez.*

# DEMONSTRATION.

prop. 20.

PUifque l'hypotenufe de tout triangle primitif eft la fom, me de deux quarrez, chacun de ces quarrez eftant multiplié par supp. 4. un quarré l'un & l'autre produit fera un quarré, & leur fomme qui eft l'hypotenufe du triangle multiple, fera la fomme de deux quarrez. Mais le cofté impair du primitif qui eft la difference des deux quarrez qui compofent l'hypotenufe du primitif eftant multipliée par le mefme supp. 9. quarré, le produit fera la difference des deux quarrez qui compofent l'hypotenufe multiple. Donc aux triangles multiples &c. ce qu'il falloit prouver.

## Demonftration Algebrique.

Soit $A^2 + B^2$ l'hypotenufe d'un primitif, fon cofté impair fera $A^2 - B^2$, fi on multiplie ces

nombres par $C$; l'hypotenuse
du triangle multiple sera $A \cdot C$
$+ B \cdot C^2$, & la difference de ces
deux quarrez qui composent
l'hypotenuse sera $A^2 C - B^2 C^2$,
produit de $A^2 - B^2$ par $C^2$, &
par consequent multiple du côté impair du primitif par $C^2$.

## PROPOSITION XXIII.

*Aux Triangles multiples d'un
primitif par un double quarré, l'hypotenuse est composée de deux quarrez, & la difference de ces deux quarrez, qui est un des costez de ce triangle, est multiple par le mesme double
quarré du costé pair du primitif : comme aussi l'autre costé de ce multiple,
est multiple du costé impair du primitif par le mesme double quarré.*

## DEMONSTRATION.

IL a esté demontré en la 21.
Proposition que le nombre 2,
qui est un double quarré, mul-

E iij

tipliant les trois coſtez d'un primitif, l'hypotenuſe de ce multiple ſera compoſée de deux
quarrez, & que leur difference
qui eſt un des coſtez de ce multiple, ſera double du coſté pair
du primitif. Ie dis encore que
tout autre double quarré multipliant un primitif, le triangle
multiple qui en ſera formé, aura
ſon hypotenuſe compoſee de
deux quarrez, & que l'un des coſtez en ſera la difference, & ſera
multiple du coſté pair du primitif par le meſme double quarré. Car puis que l'hypotenuſe
Prop. 22. du primitif eſtant multipliée par
2, fait un nombre compoſé de
deux quarrez ; ſi la ſomme de
ces deux quarrez eſt encore
multipliée par un quarré, le
Supp. 4. produit ſera encore la ſomme
de deux quarrez : Or c'eſt la
meſme choſe de multiplier un
Supp. 10. nombre par 2, & le produit par
un quarré, que de multiplier ce

nombre par un double quarré, &
par conſequent les deux quarrez qui compoſent l'hypotenuſe du primitif eſtant multipliez
par un double quarré, feront une
ſomme compoſée de deux quarrez qui ſera l'hypotenuſe du
multiple, & puis que le nombre
2 ayant multiplié le coſté pair
du primitif produit la difference
des deux quarrez qui compoſent
l'hypotenuſe du triangle double
du primitif ; ſi cette difference
eſt multipliée par le meſme
quarré qui a multiplié l'hypotenuſe double de celle du primitif,
le produit ſera la difference des
deux quarrez qui compoſent
l'hypotenuſe du triangle multiple de ce primitif par le meſme
double quarré : Il eſt encore e-
vident que ſi 2 multipliant le
coſté impair du primitif produit
le coſté pair du triangle double
du primitif, le multiple de ce

*prop. 10*

*Supp. 9.*

E iiij

costé pair par un quarré, sera
multiple de l'impair du primitif
par un double quarré, & sera
aussi le costé pair de ce triangle
multiple. Donc aux triangles
multiples d'un primitif &c. Ce
qu'il falloit prouver. Pour faci-
liter l'intelligence de ces propositions, on donne les exemples suivans en nombres.

*Exemples des Propositions 14, 21,*
*22, & 23.*

2 & 5 font deux nombres
premiers entr'eux dont l'un est
pair, generateurs du triangle

PROP. 10. 29, 21, 20; le double de ce triangle est 58, 42, 40; donc les generateurs font 7 & 3 somme &
difference de 5 & 2 : 58 est composé des deux quarrez 49 & 9.
42 double de 21 ( qui est la difference des quarrez qui compofent 29 hypotenuse du primitif)
est le double produit de 7 & 3; &

40 , double de 20 cofté pair du
primitif , eft la difference des
deux quarrez 49, & 9 ; mais fi
on multiplie 58, 42, & 40, par
le quarré 9,on aura 522,378,360,
pour les trois coftez d'un triangle multiple, & ces coftez feront les mefmes que fi on avoit
multiplié 29, 21, & 20, par le
double quarré 18 ; & ce nombre
522, eft la fomme des produits
de 49 & 9 par 9, dont la fomme
eft 441 — 81,c'eft à dire 522 ; &
la difference de ces deux quarrez eft 360, multiple de 20, cofté
pair du primitif par le double
quarré 18. Que fi on avoit multiplié ces trois nombres , 29, 21,
& 20, par un quarré comme 9 ;
les produits feroient 261, 189,
180, qui feroient les coftez d'un
triangle multiple du primitif 29,
21, 20, par un quarré. Or l'hypotenufe 261, eft compofée du
produit de 25 par 9 , & de celuy

de 4 par 9, qui font des quarrez, dont la fomme eft 225 + 36, & leur difference 189, eft multiple par le quarré 9 de 21 cofté impair du triangle primitif, conformement à la Propofition 22.

### Confequence.

Il fuit des deux propofitions precedentes, que les triangles multiples d'un primitif par un quarré ou par un double quarré ont des nombres generateurs; car puis qu'un de leurs coftez eft la difference des deux quarrez qui compofent l'hypotenufe, il s'enfuit que le quarré de ce côté, & le quarré de l'hypotenufe auront pour difference le quarré du double produit des deux nombres, dont les quarrez compofent l'hypotenufe, & par confequent que ce double produit fera l'autre cofté de ce triangle multiple, & que ces

Conf.
Prop. 10.

deux nombres feront les gene- prop.10.
rateurs de ce triangle multiple
d'un primitif par un quarré, ou
par un double quarré.

## PROPOSITION XXIV.

*Tout triangle qui a des nombres*
*generateurs est primitif, ou multiple*
*d'un primitif par un quarré ou par*
*un double quarré.*

## DEMONSTRATION.

LEs generateurs font com-
poſez entr'eux ou premiers
entr'eux ; ſi les generateurs
font premiers entr'eux ; ou l'un
d'eux ſera pair, & l'autre impair;
ou ils feront tous deux impairs.
Au premier cas, le triangle ſera Prop.14.
primitif, & au 2ᵉ cas, il ſera double d'un primitif, c'eſt-à-dire, Prop.21.
multiple d'un primitif par 2, qui
eſt un double quarré : mais ſi les
generateurs font des nombres
compoſez entr'eux, ils ne ſeront
pas les plus petits de leur raiſon,

& ils feront également mesurez
par deux nombres premiers entr'eux, & en la mesme raison,
chacun du sien: c'est à dire qu'un
mesme nombre multipliant ces
deux nombres premiers entre
eux, il produira ces deux composez entr'eux : soient donc ces
deux nombres composez en-
tr'eux A C , & B C, & A, & B,
soient les nombres premiers entr'eux, dont l'un soit pair, & 
l'autre impair, qui estant multipliez par C, ont produit A C,
& B C : Le triangle formé par
A C, & B C, sera multiple par
le quarré de C, du primitif formé par A, & B. Que si A & B
sont impairs, & premiers entr'eux, A C, & B C, en seront
aussi également multiples chacun du sien, & le triangle qui en
sera formé sera multiple par $C^2$,
du triangle formé par les deux
impairs premiers entr'eux. Et
d'autant que ce dernier triangle

*Eucl.*

*Supp. 12.*

*prop. 12.*

*Prop. 12.*

eſt double d'un primitif, l'autre
ſera multiple par un quarré du
double d'un primitif, ou ce qui
eſt la meſme choſe, il ſera multiple d'un primitif par un double quarré. Donc tout triangle
qui a des nombres generateurs
&c. Ce qu'il falloit prouver.

## PROPOSITION XXV.

*Si un triangle eſt multiple d'un*
*primitif par un nombre non quarré*
*ny double quarré: il n'aura point de*
*nombres generateurs, & ſon coſté*
*multiple de l'impair du primitif ne*
*ſera pas la difference de deux quar-*
*rez: mais ſon hypotenuſe ſera compo-*
*ſée de deux nombres, qui ſeront en-*
*tr'eux comme quarré à quarré, dont*
*la difference ſera le coſté multiple de*
*l'impair du primitif.*

## DEMONSTRATION.

SI ce triangle avoit des nombres generateurs, il ſeroit

prop. 24 primitif ou multiple d'un primitif par un quarré, ou par un double quarré, ce qui eſt contre l'hypotéſe. Pour la ſeconde partie ſoit $A^2 + B^2, A^2 — B^2, 2 A B$ un triangle primitif, & ſoit quelconque nombre C, non quarré ny double quarré, par lequel le primitif ſoit multiplié. L'hypotenuſe de ce multiple ſera $C A^2 + C B^2$, qui ſeront entr'eux comme quarré à quarré, parce que C multipliant deux quarrez, les produits ſeront en meſme raiſon l'un à l'autre, que ces quarrez: il eſt encore manifeſte que le meſme nombre C, multipliant le coté impair du primitif, qui eſt la difference des quar-Supp. 9.rez $A^2$ & $B^2$; produira la difference de $C A^2$, & de $C B^2$, qui ne ſont point des nombres Supp. 4.quarrez. Donc ſi un Triangle rectangle &c. Ce qu'il falloit prouver.

## PREMIERE REMARQUE.

On peut voir par ce qui est dit cy-
dessus, & par ce qui a esté dit en la
proposition 20. qu'une mesme hypotenuse d'un mesme triangle, peut estre
composée de deux nombres quarrez,
dont la difference sera un des costez de
ce triangle, & de deux autres non
quarrez, qui seront entr'eux comme
quarré à quarré, & qui auront pour
difference l'autre costé du mesme
triangle : comme au triangle 6,8,10,
double du primitif 3, 4, 5, l'hypotenuse 10 est le produit de 2 par 5 ( ou 4
+ 1, ) & ce produit est égal à la
somme de 8 & 2 , qui ne sont pas
quarrez, mais sont entr'eux comme
quarré à quarré, & le mesme nombre 2 multipliant le costé impair 3,
produit 6 , qui est l'un des costez de ce
triangle double de l'impair du primitif, & est la difference des deux
nombres 8, & 2 : mais aussi ce mesme
triangle 6,8,10, a deux nombres ge-

*nerateurs* 3 *&* 1, *dont les quarrez* 9
*&* 1 *composent la mesme hypotenuse*
10, *& leur difference est* 8, *double
du costé pair du primitif.*

## SECONDE REMARQUE.

*Il est possible qu'un mesme nom-
bre soit l'hypotenuse de plusieurs
triangles primitifs, & aussi de plusieurs triangles multiples, qui n'ont
point de nombres generateurs, comme
65, est l'hypotenuse des triangles primitifs* 65, 63, 16; 65 33, 56, *&
aussi des triangles multiples* 65, 52,
39, *& 65, 60 25, qui n'ont point de
nombres generateurs: mais chacun
des costez impairs de ces derniers, ne
sont pas la difference de deux nombres quarrez qui composent cette hypotenuse, mais de deux nombres qui
sont entr'eux comme quarré à quarré. Les generateurs du premier triangle sont* 1 *& 8, du* 2ᵉ, 4 *& 7. Mais
le* 3ᵉ *est multiple de* 3, 4, 5, *par* 13,
*& le* 4ᵉ *multiple de* 5, 12, 13, *par* 5.

Les

*Les nombres qui composent l'hypote-*
*nuse du 3ᵉ, sont 52 & 13, qui estant*
*multiples de 4 & 1 sont entr'eux*
*comme quarré à quarré, & du 4ᵉ,*
*45 & 20, qui sont aussi entr'eux com-*
*me quarré à quarré: leurs costez mul-*
*tiples des impairs des primitifs sont*
*39, difference de 52 & 13 ; & 25,*
*difference de 45 & 20: & parce qu'on*
*voit par induction, que beaucoup de*
*nombres premiers qui excedent de l'u-*
*nité un nombre mesuré par 4; sont les*
*hypotenuses d'un seul triangle primi-*
*tif, & qu'on n'en trouve point dans*
*une tres-grande suite de nombres qui*
*n'ayent cette proprieté: comme 5, 13,*
*17, 29, 37, 41, 53, 61, 73, 89, 101,*
*& que 21 & 57, qui excedent de*
*l'unité un multiple de 4, mais qui*
*ne sont pas nombres premiers, n'ont*
*pas cette proprieté: on peut conjectu-*
*rer, que cette regle est universelle.*
*De mesme; parce qu'on trouve par*
*induction, que le produit de deux de*
*ces hypotenuses, est l'hypotenuse de*

F

*deux triangles primitifs, que le pro-
duit de trois de ces hypotenuses, est
l'hypotenuse de 4 triangles primitifs,
que le produit de 4 de ces hypotenuses
est l'hypotenuse de huit triangles primitifs, que le produit de 5 de ces hypotenuses est l'hypotenuse de 16 triangles primitifs &c. On peut conjectu-
rer que la progression des nombres de
ces triangles sera en raison double à
l'infini, en multipliant toûjours la
derniere hypotenuse, par un nombre
premier qui excede de l'unité un multiple de 4.*

## EXEMPLES.

1105 *produit des trois nombres* 5,
23, 17. 8177 *produit de* 13, 17, 37.
*Et* 3145 *produit de* 5, 17, 37, *sont
chacun l'hypotenuse commune de
quatre triangles primitifs, comme
on le voit en la table suivante.*

| 1105 | 8177 | 3145 |
|---|---|---|
| 1104, 47 | 7665, 2848 | 3127, 336 |
| 817, 744 | 4305, 6952 | 2263, 2184 |
| 943, 576 | 3375, 7448 | 1463, 2784 |
| 1073, 264 | 1905, 7952 | 553, 3096 |

32045, *produit de* 5, 13, 17, 29 ; *&* 40885, *produit de* 5, 13, 17, 37 ; *font chacun l'hypotenufe de 8 triangles primitifs, comme on le voit en la table fuivante.*

## Costez des Triangles.

|  | 2277, | 31964 |
|---|---|---|
|  | 30956, | 8283 |
|  | 27044, | 17253 |
| Hyp. | 24124, | 21093 |
| 32045, | 23067, | 22244 |
|  | 27813, | 15916 |
|  | 31323, | 6764 |
|  | 32037, | 716 |

## COSTEZ DES TRIANGLES.

|        | 40723 | 2636  |
|--------|-------|-------|
|        | 39917 | 8844  |
|        | 37523 | 16236 |
| HYP.   | 34387 | 22116 |
| 40885, | 26093 | 31476 |
|        | 19667 | 35844 |
|        | 14893 | 38076 |
|        | 11603 | 39204 |

De mesme 237133, produit de 13,
17, 29, 37, est l'hypotenuse de 8 triangles primitifs, dont les generateurs
sont en la table suivante.

| Generateurs. | | Generateurs. | |
|------|------|------|------|
| 62,  | 483  | 243, | 422  |
| 93,  | 478  | 258, | 413  |
| 98,  | 477  | 282, | 397  |
| 138, | 467  | 307, | 378  |

Et on n'en trouvera point d'autres.

De mesme 1185665 produit des
nombres premiers, 5, 13, 17, 29, 37,
est l'hypotenuse de 16 triangles primitifs, comme on les voit en la table
cy-dessous avec leurs nombres generateurs.

| Generateurs. | | Costez des Triangles. | |
|---|---|---|---|
| 64, | 1087 | 1177473 | 139136 |
| 103, | 1084 | 1164447 | 223304 |
| 167, | 1076 | 1129887 | 359384 |
| 191, | 1072 | 1112703 | 409504 |
| 236, | 1063 | 1074273 | 501736 |
| 281, | 1052 | 1027743 | 591224 |
| 292, | 1049 | 1015137 | 612616 |
| 359, | 1028 | 927903 | 738104 |
| 449, | 992 | 782463 | 890816 |
| 512, | 961 | 661377 | 984064 |
| 568, | 929 | 540417 | 1055344 |
| 601, | 908 | 463263 | 1091416 |
| 607, | 904 | 448767 | 1097456 |
| 664, | 853 | 303873 | 1146064 |
| 673, | 856 | 279807 | 1152176 |
| 743, | 796 | 81567 | 1182856 |

Hypotenuse commune
1185665.

F iij

*Mais on trouvera aussi par induction que le produit de deux de ces nombres premiers qui excedent de l'unité un multiple de 4, est l'hypotenuse de deux triangles multiples: que le produit de 3 de ces nombres, est l'hypotenuse de 9 triangles multiples; & que le produit de 4 de ces nombres est l'hypotenuse de 32 triangles multiples, & non davantage.*

## EXEMPLES.

| 13 | COSTEZ. | | 17 | COSTEZ. |
|----|---------|--|----|---------|
| 5  | 60, 25  | | 5  | 77, 36  |
| 65 | 52, 39  | | 85 | 84, 13  |

| 17  |          | | 29  |          |
|-----|----------|--|-----|----------|
| 13  | 171, 140 | | 5   | 116, 87  |
| 221 | 220, 21  | | 145 | 105, 100 |

---

1105 *Produit de* 5, 13, 17, *est l'hypotenuse de* 9 *triangles multiples.* Sçavoir

| 1105 | 1071, | 272 |

|        |       |      |
|--------|-------|------|
|        | 561 , | 952  |
|        | 425 , | 1020 |
| Hyp.   | 884 , | 663  |
| Cos,   | 1001 , | 468 |
|        | 1092 , | 169 |
|        | 975 , | 520 |
|        | 855 , | 700 |
|        | 1100  | 105 |

---

8177 *Produit de* 13, 17, 37, *est l'hypotenuse des 9 triangles multiples suivans.*

### Costez.

|        |        |      |
|--------|--------|------|
|        | 6327,  | 2380 |
|        | 8140,  | 741  |
|        | 7548,  | 3145 |
| Hyp.   | 7215,  | 2848 |
| 8177   | 8073,  | 1300 |
|        | 5577,  | 5980 |
|        | 7735 , | 2652 |
|        | 5423,  | 6120 |
|        | 527,   | 8160 |

2405 *Produit de 5 , 13 , 37 , est*
*l'hypotenuse des 9 triangles multiples*
*suivans.*                     COSTEZ.

|        |       |       |
|--------|-------|-------|
|        | 2220, | 925   |
|        | 1924, | 1443  |
|        | 2331, | 592   |
| HYP.   | 1221, | 2072  |
| 2405   | 1595, | 1800  |
|        | 155,  | 2400  |
|        | 2275, | 780   |
|        | 1989, | 1352  |
|        | 2288, | 741   |

3145 *Produit de 5 , 17 , 37 est*
*l'hypotenuse des 9 triangles multiples*
*suivans.*                     COSTEZ.

|        |       |       |
|--------|-------|-------|
|        | 2849, | 1332  |
|        | 3108, | 481   |
|        | 2516, | 1887  |
| HYP.   | 2775, | 1480  |
| 3145,  | 2601, | 1768  |
|        | 669,  | 2992  |
|        | 2975, | 1020  |
|        | 3105, | 500   |
|        | 2145, | 2300  |

*Table*

*Table des 32 triangles multi-
ples dont 40885 produit de 5, 13,
17, 37, est l'hypothese commune.*

## COSTEZ DES TRIANGLES.

| | |
|---|---|
| 40749, | 3332 |
| 24221, | 22372 |
| 31059, | 26588 |
| 8211, | 40052 |
| 37740, | 15725 |
| 32708, | 24531 |
| 39627, | 10064 |
| 20757, | 35224 |
| 27115, | 30600 |
| 2635, | 40800 |
| 33813, | 22984 |
| 12597, | 38896 |
| 40651, | 4368 |
| 29419, | 28392 |
| 19019, | 36192 |
| 7189, | 40248 |
| 37037, | 17316 |
| 40404 | 6253 |
| 36075, | 19140 |
| 40365, | 6500 |

G

| | |
|---|---|
| 27885, | 29900 |
| 40848, | 1739 |
| 30219, | 27578 |
| 34891, | 21512 |
| 39701, | 9768 |
| 31635, | 25900 |
| 40700 | 3885 |
| 38325, | 14240 |
| 21525, | 34760 |
| 16875, | 37240 |
| 9525, | 39700 |

Hypotenuse commune.

40885

*Et puis qu'un de ces nombres pre-miers comme 5, ou 13, n'est l'hypote-nuse que d'un seul triangle primitif, & ne l'est d'aucun multiple, que le produit de deux de ces nombres, est l'hypotenuse de 4 triangles tant pri-mitifs que multiples, que le produit de trois de ces nombres est l'hypotenu-se de 13 triangles, & celuy de 4 de ces nombres de 40 triangles, lesquels nombres 1, 4, 13, 40, sont l'aggre-gé des nombres de suitte en progres-sion triple 1, 3, 9, 27, on peut conje-*

Eturer, que cette progreſſion peut aller à l'infini, ſelon les nombres en progreſſion triple, ſçavoir 1, 3, 9, 27, 81, 243, &c. & que par conſequent 1185665, ſera l'hypotenuſe de 121 triangles, y compris les 16 primitifs, lequel nombre eſt la ſomme de 1, 3, 9, 27, 81, & que 4861226; produit des 6 nombres premiers 5, 13, 17, 29, 37, & 41, ſera l'hypotenuſe de 364 triangles y compris 32 primitifs. On pourra chercher ces triangles ſi l'on veut, ou meſme la demonſtration de ces proprietez, qui apparemment eſt tres-difficile à trouver ; car de meſme que pour demonſtrer les propoſitions precedentes, & les ſuivantes touchant les proprietez des triangles rectangles en nombres ; il a fallu trouver d'autres Theoremes que ceux des trois Livres des nombres d'Euclide : on peut croire qu'il en faudra encore d'autres pour parvenir à bien demonſtrer la pluſpart des proprietez expliquées en cette remarque, hormis

G ij

*la proprieté d'un seul de ces nombres premiers, qui est facile à demonstrer, car puisque 13, par exemple, est un nombre premier, il ne peut estre l'hypotenuse d'un triangle multiple : puis qu'il seroit mesuré par le nombre qui auroit multiplié l'hypotenuse du primitif, & par consequent, ne seroit pas premier contre l'hypothese.*

## PROPOSITION XXVI.

*En tout Triangle rectangle, un des deux costez est mesuré par trois.*

## DEMONSTRATION.

SI aucun des deux costez n'estoit mesuré par trois, leurs quarrez ne le seroient pas aussi & ces quarrez seroient ~~done~~ ternaires ─ 1, & leur somme seroit

Prop. 5.   ternaire ─ 2 ; qui par consequent ne seroit pas un nombre quarré, ce qui est absurde ; puis

Def. 1.
& Supp.   qu'elle doit estre le quarré de l'hypotenuse. Donc en tout

triangle &c. Ce qu'il falloit prouver.

## PROPOSITION XXVII.

*L'hypotenuse d'un triangle pri-mitif ne peut estre mesurée par trois.*

### DEMONSTRATION.

SI l'hypotenuse estoit mesu-rée par trois ; l'un des deux costez estant mesuré par trois par la precedente, l'autre costé le seroit aussi, & les trois costez auroient une commune mesure ; & le triangle ne seroit pas pri-mitif, contre l'hypothese. Donc &c. Ce qui estoit à prouver.

*prop.* 13.

## PROPOSITION XXVIII.

*En tout Triangle rectangle, un des costez est mesuré par 4.*

### DEMONSTRATION.

D'Autant que dans les trian-gles primitifs le costé pair

G iij

Prop 14. est le double produit d'un nombre pair , & d'un impair ; & que le simple produit qui est pair est mesuré par deux : Il s'ensuit que le double produit sera mesuré par 4. Or dans les Triangles multiples , un de leurs costez estant multiple du costé pair du primitif ; ce costé multiple sera aussi mesuré par 4 : puis qu'un nombre multiple d'un nombre mesuré par 4, est aussi necessairement mesuré par 4. Donc en tout triangle &c. Ce qu'il falloit prouver.

## CONSEQVENCE.

Il s'ensuit qu'il n'y a aucun Triangle rectangle dont chacun des costez soit un nombre premier.

# PROPOSITION XXIX.

*Tout triangle rectangle a un de ses trois costez mesuré par cinq.*

## DEMONSTRATION.

SI un des deux moindres côstez est mesuré par 5, la proposition est veritable.

S'il n'y a aucun de ces deux costez qui soit mesuré par 5, leurs quarrez seront differens prop. 8. de l'unité d'un nombre mesuré par 5, & chacun d'eux sera quinaire $+$ 1, ou quinaire $-$ 1, ou l'un sera quinaire $+$ 1, & l'autre quinaire $-$ 1.

Ces quarrez ne peuvent estre tous deux quinaires $+$ 1 ou tous deux quinaires $-$ 1, parce que leur somme seroit quinaire $+$ 2, Cons. ou quinaire $-$ 2, & ainsi elle ne prop. 8. seroit pas un quarré, comme il supp. 1. est requis.

G iiij

Il reste donc que l'un de ces quarrez soit quinaire — 1, & l'autre quinaire — 1, & en ce cas leur somme qui est le quarré de l'hypotenuse, sera mesurée par 5, parceque 5 — 1 adjoûté à 5 — 1, fait un quinaire ; donc sa racine qui est l'hypotenuse, sera mesurée par 5. Il est donc necessaire qu'un des trois costez d'un triangle rectangle soit mesuré par 5. Ce qui estoit à prouver.

*Supp. 3.*

## PROPOSITION XXX.

*L'aire de tout triangle rectangle est mesurée par six.*

### DEMONSTRATION.

*prop. 26. & 28.*

OU l'un des costez est mesuré par trois, & l'autre par quatre, ou un seul est mesuré par 3 & par 4 ; si l'un des costez est mesuré par 3, & l'autre par 4, leur produit sera me-

furé par 12 ; & par conſequent
l'aire du triangle qui en eſt la
moitié, ſera meſurée par 6 : mais
ſi l'un des coſtez eſt meſuré par
3 & par 4 ; ce coſté ſera auſſi
meſuré par 12 : donc ſon produit
par l'autre coſté quel qu'il ſoit,
ſera meſuré par 12 ; & l'aire du
triangle en ce ſecond cas, ſera
auſſi meſurée par 6. Ce qui eſtoit
à prouver.

## PROPOSITION XXXI.

*L'aire de tout triangle multiplé,*
*eſt multiple de celle de ſon primitif*
*par un quarré ; & la racine de ce*
*quarré, eſt le nombre par lequel le*
*primitif a eſté multiplié, pour faire*
*le triangle multiple.*

### DEMONSTRATION.

**P**Arce que le Triangle pri- *prop. 10.*
mitif a un nombre pair
pour un de ſes coſtez ; que ce

Suppl. 2. costé soit 2 A , & l'autre soit B : son aire sera A B. Que ces deux costez soient multipliez par C ; on aura un Triangle multiple , dont les costez seront 2 A C , & B C , & l'aire sera A B C$^2$, qui est multiple de l'aire du primitif , sçavoir A B, par C$^2$, dont la racine C est le nombre par lequel le primitif a esté multiplié : ce qui procede de ce que deux nombres comme A & B , estant multipliez par un nombre comme C ; les deux produits se multipliant , feront un nombre qui sera aussi le produit de A, C, B, Suppl. 10. C, se multipliant en quelque ordre que ce soit ; si donc on multiplie C, par C, on aura C$^2$, qui multipliant A B , produit de A, par B, ce produit sera A B C$^2$.

## CONSEQVENCE I.

Il s'enfuit que fi l'aire d'un triangle primitif n'eft point un nombre quarré, celle de fon multiple ne le fera point auffi : puifque C eftant multiplié par A B, aire du triangle primitif, le produit A B C², ne fera pas quarré fi A B n'eft pas un quarré.

Supp. 4.

## CONSEQVENCE II.

De mefme fi l'aire d'un triangle primitif n'eft pas double d'un nombre quarré ; pas un des multiples de ce triangle, n'aura un double quarré pour fon aire ; car foient A & B, les coftez du triangle primitif, l'aire fera 2 A B, & les coftez eftant multipliez par C, l'aire du multiple fera 2 A B C². Or il eft evident que fi 2 A B n'eft pas double quarré, 2 A B C², ne le fera pas

aussi ; car A B ne sera pas un
quarré, ny par consequent A B
C² : donc 2 ABC², ne sera pas
un double quarré.

*Supp. 4.*

## PROPOSITION XXXII.

*En tout triangle primitif la som-*
*me & la difference de l'hypotenuse,*
*& du costé impair sont chacun un*
*double quarré.*

### DEMONSTRATION.

SOit A² + B² l'hypotenuse
d'un triangle primitif, &
A² — B² le costé impair, il est
evident que la somme de ces
deux nombres est 2 A², double
du quarré A², & leur difference
2 B², double du quarré B².

*Supp. 11.*

### CONSEQVENCE.

ON fera voir par le mesme
raisonnement, qu'aux
Triangles multiples d'un pri-

mitif par un quarré, ou par un
double quarré ; la somme de
l'hypotenuse, & d'un des costez
font ensemble un double quarré, & que leur difference est
aussi un double quarré : parce
qu'en ces triangles, l'hypotenuse est la somme de deux quarrez : mais dans tous les autres
multiples, la somme & la difference de l'hypotenuse, & du
costé multiple de l'impair du
primitif, seront entr'eux comme
double quarré à double quarré,
parceque deux doubles quarrez
estant multipliez par le mesme
nombre qui a multiplié les côtez du primitif, les produits de-
meureront toujours en la raison
de double quarré à double quarré : comme au triangle 9, 12, 15,
multiple du primitif 3, 4, 5 ; 24
& 6, somme & difference du
costé 9, & de l'hypotenuse 15,
font entr'eux comme 8 & 2, des-

Prop. 22 & 23.

quels ils font multiples par le
nombre 3, non quarré ny double quarré. Or 3 multipliant 4
+ 1 ou 5, fait l'hypotenuse 15
composée de deux nombres 12,

*Supp. 9.* & 3, qui font entr'eux comme
quarré à quarré, fçavoir 1 & 4,
& le cofté 9 en eft la différence.
Et la fomme de l'hypotenuse 5,
& du cofté impair 3, eftant 8,
qui eft un double quarré, & leur
différence eftant 2, qui eft auffi
un double quarré, les produits
de ces nombres par 3, fçavoir
24 & 6, feront encore en la
mefme raifon de 8 à 2, c'eft à
dire de double quarré à double
quarré: ce qui eftoit à prouver.

# PROPOSITION XXXIII.

*En tout Triangle primitif la fom-*
*me & la différence de l'hypotenuse,*
*& du cofté pair, font chacun un nom-*
*bre quarré : & la racine du plus*
*grand de ces quarrez, eft la fomme*

des deux nombres generateurs du
triangle, & la racine du moindre en
est la difference.

## DEMONSTRATION.
### *Algebrique.*

A & B soient les nombres generateurs de quelconque triangle
primitif, l'hypotenuse sera $A^2$
$+ B^2$, & le costé pair 2 A B, dont *Supp.123*
la somme est égale au quarré de
A $+$ B, somme des deux generateurs, & leur difference sçavoir $A^2 + B^2 - 2$ A B, sera le
quarré de A $-$ B, difference des
generateurs A & B. ce qu'il falloit prouver.

## CONSEQVENCE

LA mesme chose arrivera
aux triangles multiples d'un
primitif par un quarré, & par
un double quarré: sçavoir que
la somme de l'hypotenuse, & du
costé pair, sera un quarré: par-

cequ'ils ont deux nombres generateurs, par la conſequence
des 22, & 23 Prop. Mais cette
ſomme, & cette difference dans
les Triangles multiples d'un primitif, par un nombre qui n'eſt
pas quarré, ny double quarré,
ſeront l'une à l'autre comme
quarré à quarré ; ce qui ſe prouvera par les meſmes raiſons de la
conſequence de la Propoſition
precedente.

## PROPOSITION XXXIV.

*Si le coſté pair, & l'hypotenuſe*
*d'un triangle primitif, ſont les gene-*
*rateurs d'un autre triangle : il ſera*
*primitif, & ſon coſté impair ſera un*
*quarré. Et ſi le coſté impair d'un*
*triangle primitif, eſt un nombre quar-*
*ré, l'hypotenuſe de ce triangle ſera*
*compoſée de deux quarrez, dont l'un*
*aura pour racine l'hypotenuſe d'un*
*deuxiéme triangle primitif, l'autre*
*aura*

*aura pour racine le costé pair du mes-*
*me deuxiéme triangle, & la racine*
*du quarré, qui est le costé impair du*
*premier triangle, sera le costé impair*
*du deuxiéme triangle.*

## DEMONSTRATION.

**P**Arce que le costé impair de prop.10
tout Triangle primitif, est
la difference de deux quarrez
premiers entr'eux, dont la somme est l'hypotenuse du mesme
triangle, si ce costé impair est un
nombre quarré, on aura deux
quarrez premiers entr'eux,
qui joints ensemble feront un
troisième quarré ; & les racines de ces trois quarrez, feront les trois costez d'un deuxiéme triangle primitif. Def. 11

La premiere partie qui est la
converse de la deuxiéme se demonstre en cette sorte. Les
quarrez du costé pair, & de l'hy-

H

potenuse , ont pour différence
le quarré de l'impair : ce quarré
sera donc le costé impair du deuxiéme triangle , qui sera primitif, puisque les generateurs sont
un pair , & un impair premiers
entr'eux.

Prop 14

## DEMONSTRATION.
### algebrique.

Que le costé impair du triangle soit A --B' $= Z^2$ donc $Z^2 +$
$B^2 = A^2$ & on aura un deuxiéme
triangle dont les trois costez seront A, B, Z, duquel A sera l'hypotenuse , & Z en sera le costé
impair , puisque son quarré est
le costé impair du premier
Triangle : il restera donc B, pour
le costé pair du deuxiéme triangle , donc l'hypotenuse du premier triangle $A^2 + B^2$, est composée de deux quarrez , dont les
racines A & B son l'hypotenu-

se, & le costé pair d'un deuxie-
me triangle , & Z , racine du
quarré qui est le costé impair du
premier triãgle par l'hypothese,
sera le costé impair du deuxiéme , & il est evident que ces
deux nombres A & B , sont premiers entr'eux , & par la 14
Prop. le triangle dont ils seront
les generateurs , sera primitif.

## *Exemple.*

Soit le Triangle 9 , 40 , 41,
dont les nombres generateurs
sont 4 & 5 , & le costé impair 9
est quarré. Parceque l'hypotenuse 41 est la somme des deux
quarrez 25 & 16, dont 9 costé
impair est la difference, & que
cette difference est un quarré,il
s'ensuit que ce quarré joint au
moindre quarré des deux qui
cõposent l'hypotenuse sçavoir
16, fera un autre nombre quarré

25; & par consequent les trois racines de ces trois quarrez, seront
les trois costez d'un Triaugle rectangle, sçavoir 3, 4, 5, dont le
plus grand 5, sera l'hypotenuse.

## PROPOSITION XXXV.

*Si le costé pair d'un triangle pri-
mitif est un double quarré, les nombres generateurs de ce triangle, seront des nombres quarrez & l'hypotenuse, sera la somme de deux quarrez quarrez.*

## DEMONSTRATION.

prop. 10.

PArce que le costé pair d'un
triangle primitif est le double du produit des racines des
quarrez qui composent l'hypotenuse, si ce double produit est
un double quarré, sa moitié sera un nombre quarré, qui ne
peut estre produit que par deux

prop. 10.

Supp. 4.
& 11.

nombres quarrez, ou par deux
nombres plans femblables: mais
parceque ces nombres font les
generateurs d'un triangle primitif ils feront premiers entr'eux, & par confequent ils feront nombres quarrez, & leurs
quarrez dont la fomme eft l'hypotenufe de ce triangle, feront
des quarrez quarrez : ainfi parceque 72 double du quarré 36
eft le cofté pair du triangle primitif 65, 72, 97 : l'hypotenufe
97, doit eftre compofée de deux
quarrez quarrez, qui font 81, &
16 : à caufe que 36 moitié du côté pair eftant un quarré, il ne
peut eftre produit que par deux
quarrez comme 4 & 9, puis que
le cofté pair eft le double du
produit des deux nombres generateurs du triangle, qui doivent eftre premiers entr'eux, &
que les quarrez de ces deux
quarrez, qui font les quarrez

Conf.
prop. 14.

Supp. 13.

Supp. 11.

H iij

quarrez 81, & 16, compofent
l'hypotenufe 97.

## CONSEQVENCE.

Il s'enfuit que tout nombre
compofé de deux quarrez quarrez, eft l'hypotenufe d'un triangle, dont le cofté pair eft un
double quarré : car les racines
de ces quarrez quarrez qui font
des quarrez feront les generateurs du triangle : la fomme de
leurs quarrez qui font des quarrez quarrez, en fera l'hypotenufe, & le cofté pair fera le
double de leur produit, lequel
produit eftant quarré, ce double produit, fera double quarré.

### Exemple.

Le nombre 97 qui eft com-
pofé des deux quarrez 16 & 81
eft l'hypotenufe du triangle pri-

mitif 65,72, 97, dont les generateurs font 4 & 9 , & le côté pair
eft 72, double du quarré 36 pro-
puit de 4 & 9; & quoy que 36 foit
auffi le produit de deux autres
quarrez 36 & 1 , il fera facile de
connoiftre quels font les generateurs du triangle donné, parce
que la difference de l'hypotenufe, & du cofté impair, eft toûjours double du moindre des ^prop.32?
deux quarrez quarrez , & par
conſequent 32 eftant cette difference, ſa moitié 16 , fera ce
quarré quarré, dont la racine
4 , eft l'un des generateurs du
triangle.

## PROPOSITION XXXVI.

*La difference de deux quarrez
quarrez eft le produit de l'hypotenufe d'un triangle, par l'un des coftez
du mefme triangle.*

## DEMONSTRANION.

prop. 18. L E produit de la somme de deux nombres par leur difference eft la difference des quarrez de ces nombres : donc fi deux nombres font des quarrez, le produit de leur fom- me par leur difference , fera la difference de leurs quarrez , qui font des quarrez quarrez. Mais ces quarrez font inegaux, puifque leurs quarrez quarrez ont une difference ; & par con- fequent leur fomme fera l'hypo- prop. 10. tenufe d'un triangle , & leur difference en fera l'un des cô- tez. Donc la difference de deux quarrez quarrez , &c. Ce qu'il falloit prouver.

PRO:

# PROPOSITION XXXVII.

*En tout triangle , auquel l'hy-*
*potenuſe eſt la ſomme de deux quar-*
*rez : le produit de l'hypotenuſe par le*
*coſté qui eſt la difference des quarrez*
*qui la compoſent, eſt la difference de*
*deux quarrez quarrez , dont les ra-*
*cines quarrées quarrées , ſont les ge-*
*nerateurs du triangle.*

## DEMONSTRATION
### *Algebrique.*

$A^2 + B^2$, eſt l'hypotenuſe d'un
triangle rectangle, $A^2 - B^2$, le côté qui eſt la difference de $A^2$ &
$B^2$ ; leur produit $A^4 - B^4$ eſt la ſupp.12.
difference des quarrez quarrez
$A^4$ & $B^4$ dont les racines quarrées quarrées ſont A & B qui
ſont les generateurs du triangle.
Or il eſt evident que la difference des quarrez de $A^2$ & $B^2$, eſt le
produit de leur ſomme $A^2 + B^2$, prop.13.

I

par leur difference $A^2 - B^2$. Mais les quarrez de $A^2$ & $B^2$, sont des quarrez quarrez, dont les racines quarrées sont A & B; donc le produit de $A^2 + B^2$ par $A^2 - B^2$, sera la difference de deux quarrez quarrez; dont les racines quarrées quarrées seront les nombres generateurs du triangle. Ce qui estoit à prouver.

## PROPOSITION XXXVIII.

*Si dans un triangle primitif, l'hy-*
*potenuse estoit un nombre quarré, &*
*pareillement le costé pair un nombre*
*quarré : la racine de cette hypotenuse*
*sera l'hypotenuse d'un autre trian-*
*gle primitif, qui auroit un nombre*
*quarré pour son costé impair, & un*
*double quarré pour son costé pair.*

## DEMONSTRATION.

Parceque le costé pair d'un
triangle primitif, est le dou-

ble produit des nombres generateurs du triangle; si ce double
produit estoit un nombre quarré, le simple produit seroit un
double quarré, qui ne peut estre
fait que par un quarré, & par
un double quarré, ou par deux
nombres qui soient entr'eux
comme quarré à double quarré:
mais parce que le triangle est
supposé primitif, le generateur
impair sera un quarré, & l'autre
generateur un double quarré:
car l'impair ne peut estre double
quarré:& parce que les quarrez
de ces nombres qui sont premiers entr'eux, estant joints ensemble font l'hypotenuse ; il
s'ensuit que l'hypotenuse seroit
la somme d'un quarré quarré, &
d'un quarré dont la racine seroit
un double quarré; mais l'hypotenuse estant un quarré par l'hypothese, on auroit deux quarrez qui feroient un quarré, &

*supp. 11.*

les racines de ces trois quarrez feroient des nombres premiers entr'eux, & feroient l'hypotenufe, & les deux coftez d'un autre triangle, dont le cofté impair feroit un quarré, & l'autre un double quarré. Donc fi dans un triangle primitif tant l'hypotenufe, que le cofté pair eftoient des quarrez ; il en proviendroit un autre triangle primitif moindre, dont le cofté impair feroit un quarré, & le cofté pair un double quarré. Ce qu'il falloit prouver.

## PROPOSITION XXXIX.

*Il n'y a aucun triangle rectangle en nombres dont l'aire foit un nombre quarre.*

## DEMONSTRATION.

SOit premierement quelconque triangle primitif. Je dis que fon aire ne peut eftre un

quarré. Car afin qu'il eut un
quarré pour son aire; il faudroit
que de ses deux costez, l'un fût
quarré sçavoir l'impair; car il
ne peut estre double quar-
té & l'autre double quarré.
Or dans ce triangle primitif, le
costé impair estant quarré, les
nombres generateurs du trian-
gle seroient l'hypotenuse, & le ^[Prop. 34.]
costé pair d'un deuxiéme trian-
gle primitif, & parce que le côté pair du premier seroit un
double quarré, ces mesmes nombres generateurs du premier
triangle seroient quarrez. Donc ^[Prop. 35.]
l'hypotenuse, & le costé pair de
ce deuxiéme triangle seroient
des quarrez, & ce triangle seroit
moindre que le premier, puisque
deux de ses costez seroient les
generateurs de ce premier. Mais ^[Prop. 35.]
par la precedente, la racine de
l'hypotenuse de ce deuxiéme
triangle, seroit l'hypotenuse

I iij

d'un troisiéme triangle primitif,
qui auroit un nombre quarré
pour son costé impair , & un
double quarré pour son costé
pair ; & ce troisiéme triangle seroit encore moindre que le deuxiéme : Or ce troisiéme triangle auroit aussi pour son aire, un
nombre quarré. D'où il s'ensuit que supposant un Triangle
rectangle primitif, dont l'aire
soit un nombre quarré , on en
trouvera un troisiéme en nombres entiers par une consequence infaillible , beaucoup plus
petit, qui auroit aussi un quarré
pour son aire,& que par les mesmes raisons , ce troisiéme en
donneroit encore un cinquiéme
plus petit, qui seroit aussi primitif, & par consequent en nombres entiers , & ainsi à l'infini en
diminuant toujours. Mais cette
consequence est absurde ; car les
nombres entiers ne vont pas à

l'infini en defcendant puis, qu'ils commencent par l'unité, & s'y terminent ; & par confequent il eſt impoſſible que l'aire d'un triangle rectangle primitif, ſoit un nombre quarré. Il a eſté auſſi prouvé par la confequence de la propoſition 31e. Que ſi l'aire d'un primitif n'eſt pas un nôbre quarré, celle de ſon multiple ne ſera pas auſſi un quarré. Donc il n'y a aucun triangle &c. Ce qu'il falloit prouver.

# PROPOSITION XL.

*Il n'y a aucun triangle rectangle en nombres dont l'aire ſoit un double quarré.*

## DEMONSTRATION.

SI un triangle primitif avoit un double quarré pour ſon aire, il faudroit que chacun de ſes moindres coſtez, fût un nom-

Supp. 11

bre quarré, afin que la moitié de leur produit qui eſt l'aire du triangle, fût un double quarré : mais chacun de ces coſtez ne peut eſtre un quarré : car le côté impair eſtant un quarré, les nombres generateurs de ce

prop. 34. triangle ſeroient l'un l'hypotenuſe, & l'autre le coſté pair d'un deuxième triãgle primitif moindre que le premier, & parce que le coſté pair du premier, eſt auſſi ſuppoſé eſtre un quarré : & que ce coſté pair eſt le double pro-

Prop. 10. duit des deux nombres generateurs du premier triangle : l'un de ces nombres generateurs, ſe-

Supp. 11 roit un quarré, & l'autre un double quarré, puiſqu'ils doivent eſtre premiers entr'eux. Or ces meſmes nombres font l'hy-

prop. 34. potenuſe & le coſté pair du deuxiéme triangle : donc ce ſecond triangle qui doit eſtre prĩmitif, auroit un quarré pour ſon hy-

potenufe, & un double quarré
pour fon cofté pair : puifque
l'hypotenufe eftant un impair, prop. 10
ne peut eftre un double quarré,
d'où il s'enfuivroit que l'hypotenufe de ce fecond triangle, feroit la fomme de deux quarrez prop. 35.
quarrez : & parceque cette hypotenufe doit eftre un nombre
quarré, on auroit un quarré,
qui feroit la fomme de deux
quarrez quarrez, & les racines
de ces trois quarrez, feroient les
trois coftez d'un troifiéme trian- Def. 1.
gle primitif moindre que les
precedens, qui auroit un quarré pour chacun de fes moindres
coftez, & par confequent fon
aire feroit un double quarré,
comme du premier triangle
qu'on a fuppofé avoir un double quarré pour fon aire : & parce que de ce premier triangle
proviendroit ce troifiéme beaucoup moindre, qui feroit auffi

primitif, & qui auroit un double quarré pour son aire ; de
mesme de ce troisiéme , il en
proviendroit un cinquiéme encore moindre , qui seroit aussi
primitif, & par consequent en
nombres entiers ; on conclura
par un raisonnement semblable
à celuy de la proposition precedente , qu'il n'y a aucun Triangle rectangle primitif en nombres dont l'aire soit un double
quarré. Mais par la deuxiéme
Consequence de la Proposition 31ᵉ. si l'aire d'un primitif
n'est pas un double quarré, celle d'aucun des triangles multiples de ce primitif, ne sera un
double quarré. Donc il n'y a
aucun Triangle rectangle en
nombres , dont l'aire soit un
double quarré. Ce qu'il falloit prouver.

## CONSEQUENCES DES DEUX dernieres Propositions.

*Premiere Conſequence de la 39ᵉ.*

IL n'y a point de Triangle rectangle auquel l'un des moindres coſtez ſoit un nombre quarré, & l'autre un double quarré ; car ſon aire ſeroit un quarré. Ce qui a eſté prouvé impoſſible.

## II.

Il n'y a point de Triangle rectangle auquel tant l'hypotenuſe, que le coſté pair, ſoit un nombre quarré ; parce que de ce Triangle il en proviendroit un autre, dont le coſté impair Prop.387 ſeroit quarré, & le pair un double quarré, & par conſequent ſon aire ſeroit un quarré.

## III.

Un quarré eſtant joint à un quarré dont la racine ſoit un double quarré, ne peut faire un quarré ; car ſi cette ſomme eſtoit un quarré, les racines de ces deux quarrez, feroient les deux coſtez d'un triangle, dont l'un ſeroit un quarré, & l'autre un double quarré : ce qui eſt contre la premiere Conſequence.

## IV.

Un quarré quarré impair ne peut eſtre la ſomme d'un quarré quarré pair, & d'un quarré impair : car les trois racines de ces trois quarrez feroient un Triangle rectangle, dont l'hypotenuſe & le coſté pair, feroient quarrez ; ce qui eſt contre la deuxiéme Conſequence ; & par la meſme deu-

xiéme Confequence, un quarré impair ne peut eftre la difference de deux quarrez quarrez.

## V.

Il s'enfuit auffi que la difference du quarré de l'hypotenufe d'un triangle, au quarré tant
de la fomme, que de la difference des deux coftez du triangle, ne pourra eftre un nombre
quarré : car puifque cette difference eft quadruple de l'aire du
Triangle, & que cette aire ne
peut eftre un quarré, cette difference ne pourra eftre un quarré : puifque le produit de 4 qui
eft un quarré, par un nombre
non quarré, ne peut eftre
quarré.

Conf.
Prop 11.

Supp. 4.

## V I.

Il eft encore manifeste, qu'il
n'y a point de Triangle rectangle primitif dont l'hypotenufe

eftant un quarré , le cofté impair foit auffi un quarré : car
le produit de ces deux quarrez feroit la difference de deux
quarrez quarrez qui compofe-
roient l'hypotenufe d'un triangle rectangle , dont les generateurs feroient des nombres
quarrez , & le cofté impair feroit cette difference , or le cofté pair de ce dernier triangle , feroit un double quarré,
& le cofté impair, un quarré,
ce qui eft contre la premiere
confequence.

## CONSEQVENCES DE
### la propofition 40.

## I.

Il n'y a aucun triangle rectangle qui ait un quarré , pour
chacun de fes moindres coftés;
car l'aire feroit un double quarré.

## I I.

Un quarré ne peut eſtre la
ſomme de deux quarrez quarrez ; parce que les Racines de
ces trois quarrez , ſeroient les
trois coſtés d'un triangle , auquel chacun des deux moindres
coſtez , ſeroit un quarré ; contre
la premiere conſequence.

## I I I.

Il n'y a aucun triangle rectangle primitif qui ait un
quarré pour ſon hypotenuſe,
& un double quarré pour ſon
coſté pair ; parce que l'hypotenuſe ſeroit la ſomme de deux
quarrez quarrez : ainſi on auroit un quarré , qui ſeroit la
ſomme de deux quarrez quarrez ; contre la deuxieſme conſequence.

☙

## IV.

Vn quarré quairé ne peut-
eſtre la ſomme de deux quarrez, dont l'un ait pour racine
un double quarré ; parce que
les racines de ces trois quarrez ſeroient les trois coſtez
d'un triangle, qui auroit un
nombre quarré pour ſon hypotenuſe, & un double quarré pour ſon coſté pair ; contre
la troiſieſme conſequence.

## PROPOSITION XLI.

*En tout triangle primitif, la
ſomme des deux coſtez eſt octonaire + ou — 1, & la difference des
meſmes coſtez, eſt auſſi octonaire
+ ou — 1, ou eſt l'unité meſme.*

## DEMONTRATION.

SOient A & B les genera-
teurs du triangle, dont A
ſoit le nombre pair, & ſoit
pre-

premierement A pairemēt pair & plus grãd que B: d'autant que le quarré de A est octonaire , Prop. 4. & le quarré de B octonaī prop. 5. — 1 , ou l'unité , leur difference qui est le costé impair du Triangle sera octonaire — 1 ; or le costé pair sera octonaire , puisqu'il est double de A B quaternaire : donc la somme de ces deux costez , en ce premier cas sera octonaire — 1. Que si A est moindre que B , son quarré qui est octonaire , estant osté du quarré de B qui est octonaire — 1 , le reste qui est le costé impair sera octonaire — 1 , car , cette difference ne peut estre l'unité ; & le côté pair estant octonaire , la somme des deux sera octonaire — 1 en ce second cas.

Soit maintenant A impairemēt pair & plus grand que B, son quarré sera 4 ou octonaire — prop. 4.

K

4 , duquel eſtant oſté le quarré de B qui eſt l'unité , ou un
octonaire — 1 , le reſte qui eſt
le coſté impair ſera 3 ou octonaire — 3 , mais A eſtant 2 ou
quaternaire — 2 , A B ſera 2 ou
quaternaire — 2 , & 2 A B coſté
pair ſera octonaire — 4 , donc
en ce 3ᶜ cas la ſomme de ces
deux coſtez ſera 7 ou octonaire — 7 , c'eſt à dire octonaire — 1 ,

Que ſi A eſt moindre que
B , ayant oſté 4 ou un octonaire — 4 quarré de A ,
d'un octonaire — 1 quarré de
B , le reſte ſera 5 , ou octonaire
— 5 pour le coſté impair , lequel eſtant joint au coſté pair
qui eſt octonaire — 4 la ſomme
ſera octonaire — 9 c'eſt à dire
octonaire — 1 , en ce quatrieſme
& dernier cas : donc la ſomme des
deux coſtez d'un triangle 1 ri-
mitif eſt octonaire — ou — 1,

Pour la 2ᵉ partie, ſoit au premier cas cy-deſſus, le coſté impair moindre que le coſté pair, d'autant qu'il eſt octonaire — 1; il eſt evident que ſi on l'oſte du coſté pair qui eſt octonaire, le reſte ſera octonaire + 1, ou l'unité, & que ſi le coſté impair eſt le plus grand, leur difference ſera octonaire — 1.

Au 2ᵉ cas; ſi le coſté pair eſt le plus grand, ayant oſté un octonaire + 1 d'un octonaire, le reſte ſera octonaire — 1, & ſi le coſté pair eſt le moindre, leur difference ſera octonaire + 1, ou l'unité.

Au 3ᵉ cas; ſi le coſté pair eſt le plus grand, & qu'on oſte 3, ou un octonaire + 3, de 4 ou d'un octonaire + 4; le reſte ſera octonaire + 1, ou l'unité; & ſi le coſté pair eſt le moindre, oſtant un octonaire + 4, d'un octonaire + 3, le reſte ſera octonaire — 1.

K ij

Au 4 & dernier cas, si le costé pair est le plus grand, qui est octonaire + 4, & qu'on en oste l'impair qui est 5, ou octonaire + 5, le reste sera octonaire — 1, & si le costé pair est le moindre, leur difference sera octonaire + 1, ou l'unité. Donc en tout triangle rectangle, &c. Ce qu'il falloit prouver.

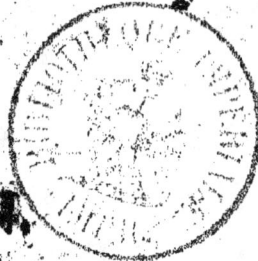

**FIN.**

www.ingramcontent.com/pod-product-compliance
Lightning Source LLC
Chambersburg PA
CBHW071217200326
41519CB00018B/5559